Sitzungsberichte
der Akademie der Wissenschaften
der DDR
Mathematik – Naturwissenschaften – Technik

2N

1988

Karl Lanius

Grundlagenforschung und Schlüsseltechnologien

AKADEMIE-VERLAG BERLIN

Sitzungsberichte
der Akademie der Wissenschaften
der DDR
Mathematatik-Naturwissenschaften-Technik

Jahrgang 1988 · Nr. 2 N

Karl Lanius

Grundlagenforschung und Schlüsseltechnologien

AKADEMIE-VERLAG BERLIN
1988

Festvortrag von Karl Lanius,
Ordentliches Mitglied der Akademie
der Wissenschaften der DDR anläßlich
des Leibniztages der Akademie der
Wissenschaften der DDR am 3. Juli 1987

Herausgegeben im Auftrage
des Präsidenten der Akademie
der Wissenschaften der DDR
von Vizepräsident Prof. Dr. Heinz Stiller

ISBN 3-05-500516-3
ISSN 0138-3965

Erschienen im Akademie-Verlag Berlin, Leipziger Straße 3–4, Berlin, DDR-1086

Lizenznummer: 202 · 100/362/88
Printed in the German Democratic Republic
Gesamtherstellung: VEB Druckhaus Köthen
LSV 1105
Bestellnummer: 763 8781 (2010/88/2/N)
00300

Im Jahre 1789 entdeckte Martin Heinrich Klaproth das Uran. In der wissenschaftlichen Welt erregte es kaum Aufmerksamkeit: ein seltenes, nicht zu nutzendes Element, das sich später, nach seiner Einordnung in das periodische System, nur in einem von allen anderen Elementen unterschied, es nahm den letzten Platz in der Tabelle ein.

Mehr als hundert Jahre nach der Entdeckung beobachtete Henry Becquerel, daß Uran eine schwarzes Papier durchdringende Strahlung emittiert. Mit der Entdeckung der Radioaktivität wurde der Atomkern zum Forschungsobjekt von Chemikern und Physikern.

Im Jahre 1938 gelang in Berlin Otto Hahn und Fritz Straßmann der Nachweis, daß der Uran-Atomkern durch Bestrahlung mit langsamen Neutronen in zwei annähernd gleich schwere Bruchstücke spaltet. Der ungewöhnlich energiereiche exotherme Prozeß der Spaltung ist von der Freisetzung einiger Neutronen begleitet, die kaskadenartig zu weiteren Spaltungen führen können. Daß durch diesen Prozeß große Energien makroskopisch verfügbar werden, erkannten viele Physiker sehr schnell.

Erfahrungen darüber, wie ein extrem seltener Elementarvorgang in subatomaren Dimensionen technisch umzusetzen ist, gab es nicht. Eine derartige Aufgabenstellung lag zu dieser Zeit sowohl außerhalb der Erfahrungswelt der Gelehrten als auch der Großindustrie. Große technische Systeme, etwa der chemischen Großindustrie oder der Elektroindustrie, wurden bis dahin über relativ lange Zeiträume entwickelt.

Die Lösung des komplexen, ungemein schwierigen Problems, die Kernspaltung technisch umzusetzen, war nur durch eine neue Qualität im Zusammenwirken von Wissenschaft und Großindustrie möglich, die im Kapitalismus unter den Ausnahmebedingungen eines großen Krieges zustande kam.

Worin bestand das ungewöhnliche der Aufgabe? Zunächst war es eine politische Entscheidung.

Die Möglichkeit, den lawinenartig ablaufenden Spaltungsprozeß zur Schaffung einer Waffe, der Atombombe, zu nutzen, beunruhigte vor allem die von den Nazis aus Deutschland vertriebenen Naturwissenschaftler. Die Vorstellung einer derartigen Waffe in der Verfügungsgewalt Hitlers veranlaßte die in die USA emigrierten Wissenschaftler, die Regierung der Vereinigten Staaten auf diese Möglichkeit hinzuweisen.

Im Dezember 1942 beschloß die US-Regierung, finanzielle und technische Anstrengungen zum Bau der Bombe zu unternehmen. Die Arbeiten konzentrierten sich auf folgende Ziele:

- Entwicklung und Bau eines Kernreaktors, um auch das Transuran Plutonium in ausreichenden Mengen zu erbrüten.
- Entwicklung und Bau von Anlagen, um mit chemischen Verfahren das Plutonium von den anderen Reaktionsprodukten des Brutprozesses zu trennen.
- Entwicklung und Bau von Anlagen, um mit physikalischen Methoden Uran 235 vom Uran 238 zu trennen.
- Aufklärung weiterer physikalischer Parameter und Konstruktion der Bombe.

Nach dem Kriegseintritt der USA wurde unter der Tarnbezeichnung „Manhattan-Projekt" das gesamte Vorhaben zu einem Kriegsobjekt unter strengen Sicherheits- und Geheimhaltungsbedingungen. Die Leitung lag in den Händen eines Generals, wissenschaftlicher Leiter wurde der Physiker Robert Oppenheimer. Am Manhattan-Projekt arbeiteten 150 000 Menschen.

Zum ersten Mal in der Geschichte der Produktion wurde die Wissenschaft selbst zum Ausgang eines neuen Industriezweiges. Der Wissenschaftler war dabei unmittelbar Produzent. Die Großforschung gab ihr Debüt.

Im Sommer 1945 befahl Präsident Truman den Einsatz der Atombombe gegen ein kapitulationsreifes und kapitulationsbereites Japan. Am 6. August explodiert über Hiroshima eine als „Little Boy" bezeichnete Uran-Bombe. Am 9. August fällt die „Fat Man", eine Plutonium-Bombe, auf Nagasaki. Die Wirkung der beiden Bomben ist schrecklich: In Hiroshima sterben mehr als 140 000 Menschen und in Nagasaki mehr als 70 000. Beide Städte werden völlig zerstört.

Die Geschichte der Menschheit kennt keine naturwissenschaftliche Entdeckung, die eine so tiefgreifende Wirkung auf das Schicksal der Menschheit hat wie die Erkenntnisse der Kernphysik und die aus ihrer gezielten Nutzung resultierende Kerntechnik. Seit mehr als vier Jahrzehnten leben wir im Schatten nuklearer Waffensysteme. Es ist an der Zeit, uns von ihnen zu befreien.

In wachsendem Maße beherrschen die Auswirkungen der Wissenschaft über die moderne Großchemie und über die sich entwickelnde Informationstechnik unser Leben. Ohne die Leistungen der Chemie ließe sich die Menschheit nicht ernähren und gesunderhalten, ohne das Transistorradio wären große Teile der Erdbevölkerung von der Teilnahme am Weltgeschehen ausgeschlossen.

Aber auch hier ist Mißbrauch gefährlich. Der Mensch und seine Umwelt vertragen nicht unbegrenzt viel Chemie und die Informationsflut führt zum Verlust von Fähigkeiten, die dem Menschen ein Leben, wenn auch auf bescheidenem Niveau, über lange Zeit ermöglicht hat.

Der moderne Monopolkapitalismus hat die heutige Technik hervorgebracht; er ist aber nicht imstande, ein Leben mit dieser Technik zu garantieren.

Bereits durch die klassische Physik hatten die Physiker nicht nur ein in sich geschlossenes Bild der Natur, mit der praktischen Nutzung des Erkannten verwandelten sich auch immer neue Bereiche in Technik. Erst die auf wissenschaftlicher Naturerkenntnis fußende Entwicklung der Technik führte zur Entfaltung der Produktivkräfte des Monopolkapitalismus.

Die Anwendung physikalischer Erkenntnisse in der menschlichen Produktion trug zunächst nur naiven Charakter. Naturgesetze wurden durchaus im Arbeitsprozeß erkannt, angewandt und eingeschränkt überliefert. Große Produktionsbereiche wie etwa das Handwerk blieben bis ins 18. Jahrhundert von den sich entwickelnden Naturwissenschaften weitgehend unberührt. Die Entwicklung der Großindustrie begann mit dem Bau von Dampfmaschinen und mechanischen Webstühlen. Erkenntnisse der Mechanik und Wärmelehre wurden damit erstmalig in größerem Umfang zur praktischen Beherrschung von Naturkräften und Prozessen genutzt.

Die industrielle Revolution, die zum Ausgang des 18. Jahrhunderts begann, beruhte auf den Erkenntnissen der Mechanik und der Chemie. Die Wissenschaft wurde zur Produktivkraft, wobei die Produktion jedoch in großem Umfang ihren traditionellen Charakter bewahrte. Die Kleidung wurde aus natürlichen Rohstoffen wie Wolle und Baumwolle mittels maschinell getriebener Webstühle hergestellt, der Transport erfolgte mit Wagen, die von Lokomotiven gezogen wurden, und zur Massenkommunikation diente das geschriebene Wort.

Im 19. Jahrhundert übte die Physik durch die Entwicklung der Thermodynamik und der Elektrodynamik einen nachhaltigen Einfluß auf den Fortschritt der Technik aus, wodurch entscheidende Fundamente für die Entwicklung im 20. Jahrhundert gelegt wurden. Durch das Einfließen thermodynamischer Erkenntnisse in den Maschinenbau vollzog sich der Übergang von der Apothekenchemie zur Großchemie. Aus den Erkenntnissen der Elektrodynamik ging die Elektrotechnik mit ihren typischen Antriebs-, Beleuchtungs- und Nachrichtensystemen hervor.

Im 20. Jahrhundert entstanden Produktionszweige, die aus dem wissenschaftlichen Studium komplexer atomarer Systeme hervorgingen. Sie wurden über die sich entwickelnden angewandten technischen Wissenschaften produktionswirksam. Beispiele dieser Entwicklung sind die Industrie zur Massenproduktion synthetischer, organischer und anorganischer Materialien und die Rundfunk- und Fernsehindustrie, die über die Entwicklung von Elektronenröhre und Transistor neue Mittel der Massenkommunikation produzierte. Über ihre zielstrebige Anwendung in der Technik wurde die Wissenschaft zur vorwärtsdrängenden Kraft der ökonomischen Entwicklung.

Nach dem zweiten Weltkrieg entwickelte sich eine neue Qualität in der Verflechtung von Wissenschaft, Technik und Produktion, eine wissenschaftlich-technische Revolution, die drei charakteristische Merkmale hat:

- Die Wissenschaft selbst wurde zum Ausgang neuer Industriezweige, wie etwa der Kerntechnik und der Rechentechnik, die bezüglich ihres Ursprungs in keiner Verbindung zu den traditionellen Industrien stehen.
- Es bildeten sich Schlüssel- oder Hochtechnologien heraus, die in einem früher nicht realisierten Umfang Einfluß auf die Wirtschaft, ja auf die Gesellschaft als Ganzes ausüben. In den hochentwickelten Industriestaaten sind sie durch hohe Erneuerungsraten in der Produktion, durch bemerkenswerte ökonomische Effekte, aber auch durch überdurchschnittlich wachsende Aufwendungen in Forschung, Entwicklung und in der Produktionsmittelbereitstellung charakterisiert.
- Dank der neuen Qualität in der industriellen Produktion konnten der Wissenschaft Mittel und Verfahren bereitgestellt werden, die es ihr gestatteten, in bislang unerschlossene Bereiche vorzudringen (Raumfahrt).

Die Erforschung der Natur entwickelt sich an zwei Fronten, wie der Physiker Victor Weisskopf es nennt, einer äußeren Front, deren Ziel es ist, in Bereiche vorzudringen, die jenseits der uns heute bekannten Grundprinzipien liegen, und an einer inneren Front, die die komplexe Mannigfaltigkeit der atomaren Welt untersucht. Diese Zweiteilung ist keine Erfindung der Neuzeit. Bereits Gottfried Wilhelm Leibniz unterschied in ähnlicher Form vor mehr als 300 Jahren zwischen einer „physica rationalis", d. h. der Erforschung der Zwecke und Ursachen der Dinge, die der „Vollkommenheit Gottes" und der „Verehrung Gottes" dienen soll, und einer „physica empirica", d. h. der Erforschung der physikalischen Welt in engerem Sinne, die für das menschliche Leben nützlich sei und vom Staate gefördert werden müsse.[1]

Die physikalische Erforschung der Existenzformen der Materie im subatomaren Bereich, in der Sprache des Physikers die Suche nach den „elementaren Bausteinen" der Materie und den zwischen ihnen wirkenden fundamentalen Kräften oder Wechselwirkungen, führte über viele Etappen, im engen Wechselspiel zwischen Theorie und Experiment, zu einer neuen Stufe unseres Erkennens der Wirklichkeit.

Mittels immer leistungsfähigerer Beschleuniger gelang es, in immer tiefer liegende Schichten der Materie einzudringen. Wir wissen, daß alle bisher beobachteten Materieformen sich auf drei Leptonen- und drei Quarkfamilien zurückführen lassen, zwischen denen vier fundamentale Kräfte wirken, die starke, die elektromagnetische, die schwache und die gravitative Wechselwirkung.

Die Quantenelektrodynamik, eine Eichfeldtheorie, die die elektromagnetische Kraft zwischen Ladungsträgern durch den Austausch von Photonen, den Quanten des elektromagnetischen Feldes, ihrem Eichfeld, beschreibt, führte zu einem neuen Kraftbegriff. Die Wechselwirkung zwischen zwei elektrisch geladenen Leptonen – etwa zwei Elektronen – über eine beliebige Distanz wird als lokale Emission, Propagation und lokale Absorption virtueller Teilchen beschrieben. Der Kraftbegriff ging aus von der Sinnesempfindung der Muskelkraft, führte zur Newtonschen Fernkraft und wurde präzisiert in der Vorstellung, daß alle fundamentalen Kräfte durch den Austausch von Eichbosonen vermittelt werden.

Ein bedeutender Fortschritt im Verständnis der fundamentalen Kräfte der Natur gelang in den siebziger Jahren mit der einheitlichen Theorie der elektromagnetischen und schwachen Wechselwirkung. Zur Beschreibung der starken Wechselwirkung verfügen wir mit der Quantenchromodynamik über eine weitere Eichfeldtheorie, die sich wie die elektroschwache Theorie in allen bisherigen experimentellen Testen bewährte.

Verschiedene astrophysikalische Beobachtungen, etwa die 3K-Hintergrundstrahlung, führten die Physiker und Astronomen zu der Erkenntnis, daß sich das unserer Beobachtung zugängliche Universum aus extrem heißen und dichten Zustandsformen der Materie durch Ausdehnung und eine damit verbundene Dekompression entwickelt hat. Bei den extrem hohen Temperaturen, wie sie in den Frühphasen des Universums herrschten, konnte die Materie nur in Form der elementaren Teilchen, Quarks und Leptonen, und der zwischen ihnen die Wechselwirkungen vermittelnden Feldquanten existieren. Mit fortschreitender Expansion, also abnehmender Dichte und Temperatur, bildeten sich nacheinander Materieformen wie Nukleonen, Atomkerne, Atome bis hin zu komplexen Gebilden wie Galaxien, Sternen und Planeten. In einigen Fälleln wird es unter dem Einfluß eines nahegelegenen Sterns auf der Oberfläche dieser Planeten wohl auch zur Bildung von Makromolekülen gekommen sein, die sich selbst reproduzieren konnten. Dies führte auf der Erde, aber möglicherweise auch auf anderen Planeten im Universum, über die Entwicklung von Einzellern zu Vielzellern bis hin zu Wesen, die in der Lage sind, sich und ihre Umwelt bewußt wahrzunehmen, erkanntes Wissen zu akkumulieren und ihre Umwelt zu gestalten.

Die bei der Erforschung der subatomaren Welt entdeckten Materieformen und ihre Wechselwirkungen sind der Schlüssel zum Verständnis der Evolution des Universums. Ohne Kenntnis der elementaren Formen der Materie und ohne Kenntnis der zwischen ihnen wirkenden physikalischen Gesetze sind wir nicht in der Lage, Vergangenheit und Gegenwart im Kosmos zu begreifen. Das erkennende Eindringen in die Welt des Subatomaren erschloß uns die Evolution des Universums. Die Physik des Mikrokosmos und die des Makrokosmos bedingen einander, sind Ausdruck der Einheit der objektiven Welt.

Der von Galilei begonnene Weg der physikalischen Forschung, mittels mathematisch-theoretischer Abstraktionen und experimenteller Methoden spezifische Einzelfragen zu untersuchen, hat die Physiker zum Ausgang des zwanzigsten Jahrhunderts auf ein Erkenntnisniveau geführt, das Jahrmilliarden der zeitlichen und räumlichen Entwicklung des Universums umfaßt. Seien wir aber bescheiden, auch das lehrt uns die Physik, in hundert Jahren sieht unser Naturbild anders aus.

An der äußeren Front hat die Physik des 20. Jahrhunderts, zu der auch Wissenschaftler unserer Akademie in Vergangenheit und Gegenwart Beachtenswertes beitrugen, die Grenzen der erforschten Welt im Kleinen und im Großen um mehrere Größenordnungen hinausgeschoben. Sie stieß dabei weder auf naturgegebene Grenzen, noch fand sie eine Wiederholung bekannter Grundstrukturen, eine im Hegelschen Sinne langweilige Unendlichkeit. Im Gegenteil, jeder Schritt ins Unbekannte ließ uns qualitativ neue Bewegungs- und Entwicklungsformen der Materie erkennen. Jede beantwortete Frage, jedes neu entdeckte Phänomen an der äußeren Front wirft neue, ungelöste Probleme auf. Diese jeder kreativen Wissenschaft innewohnende Dialektik ist der eigentliche wissenschaftliche Erkenntnisprozeß und treibt ihn voran.

Die Natur ist nicht nur an der äußeren Front qualitativ unerschöpflich, auch die bekannte Welt der atomaren, komplexen Systeme ist potentiell unendlich. Es sind die spezifischen Eigenschaften der Quantenzustände der Elektronen, die die unzähligen Kombinations- und Verflechtungsarten der Atome ermöglichen. Die an der inneren Front erforschten Phänomene aller Aggregatzustände machen auch in unseren Forschungseinrichtungen den größten Teil der modernen Physik und Chemie aus. Bestimmend für die zu untersuchenden Probleme ist dabei ihr Nutzen. Aus der Wechselwirkung der Physik mit der gesellschaftlichen Praxis und mit den Nachbardisziplinen ergeben sich die zu lösenden Aufgaben.

Was nützlich ist, was also durch die Physik und die anderen Naturwissenschaften aus der unendlichen Vielfalt komplexer Strukturen im atomaren und partiell auch im nuklearen Bereich zu erforschen ist, wird, ausgehend vom erreichten Erkenntnisstand, durch die gesellschaftlichen Bedürfnisse bestimmt.

Naturwissenschaftliche Forschung, die die Erweiterung unserer Einsichten in die Erscheinungen und Gesetze der Natur zum Ziel hat, bezeichnen wir als erkundende Grundlagenforschung. Das meinen Vortrag einleitende Beispiel der Entdeckung der Kernspaltung ist ein Resultat der erkundenden Grundlagenforschung, das zur Kerntechnik, einer typischen Schlüsseltechnologie, führte.

Ich möchte etwas näher auf eine andere Schlüsseltechnologie, die Mikroelektronik, eingehen. Zum Ausgang der Mikroelektronik wurde die Entdekkung des Transistoreffekts am Ende der vierziger Jahre durch John Bardeen,

Walter Houser Brattain und William Shockley in den Bell Telephone Laboratories, einem der erfolgreichsten industriellen Forschungslaboratorien der Welt.

Dabei sollte nicht in Vergessenheit geraten, daß zahlreiche Ergebnisse und Technologien der Schwachstromtechnik und der Vakuumelektronik in der Mikroelektronik unverzichtbar sind.

Zur Entdeckungsgeschichte des Transistoreffekts, eines physikalischen Verstärkungsmechanismus des elektrischen Stroms in einem halbleitenden Material, etwa Silizium, bemerkt Bardeen in seinem Vortrag anläßlich der Verleihung des Nobelpreises: „Die Entdeckung des Transistoreffekts geschah im Verlauf eines Grundlagenforschungs-Programms über Halbleiter, das von den Bell Telephone Laboratorien Anfang 1946 initiiert wurde. Halbleiter stellen eins der vielen Gebiete dar, die aus dem breiten Programm der Festkörperforschung ausgewählt wurden. ... Allgemeines Ziel des Programms war es, möglichst grundlegende Einsichten des Halbleiterphänomens zu erhalten, also keine empirischen, sondern Erkenntnisse, die auf der Theorie der Atome basieren. ... Ein weiterer wesentlicher Grund für die Wahl der Halbleiter als erfolgversprechendes Arbeitsfeld waren, neben dem eigentlichen wissenschaftlichen Interesse, die zahlreichen und zunehmenden Anwendungen von Halbleitern in elektronischen Anlagen, die 1945 Dioden, Varistoren und Thermistoren umfaßten."[2]

Wenn Bardeen von der Atomtheorie spricht, so meint er die quantenmechanische Theorie der elektrischen Leitungsphänomene. Die Materialien, an denen die Untersuchungen durchgeführt wurden, waren Germanium und Silizium. Beide konnten in hochreinem Zustand erzeugt werden und boten damit die Möglichkeit eines engen Bezuges zwischen Experiment und Theorie.

Mit der Entdeckung des Transistoreffekts begann die Entwicklung der Mikroelektronik – im weitgefaßten Sinne die moderne Informationstechnik – mit ihrer wichtigsten Komponente, dem Computer. Sie ist heute die Schlüsseltechnologie, die weltweit Tempo und Qualität der Entwicklung der Produktionskräfte bestimmt. In der Entwicklung und Anwendung der Mikroelektronik findet die wissenschaftlich-technische Revolution ihren deutlichsten Ausdruck. Ihr Tempo wird zu einem bedeutenden Teil durch die Anwendungen bestimmt, wobei diese wiederum auf die Entwicklung der Mikroelektronik rückwirken. Es gibt kaum einen Bereich der gesellschaftlichen Tätigkeit, der nicht durch den Einsatz der Mikroelektronik eine tiefgreifende Veränderung erfahren wird.

Ein etwa zentimetergroßes elektronisches Bauelement wie der Transistor war ein großer Fortschritt gegenüber den relativ großen stromfressenden Elektronenröhren der dreißiger und vierziger Jahre. Mit Transistoren bestückte Computer waren gegenüber den ersten aus Elektronenröhren aufgebauten Rechnern merklich kleiner und leistungsstärker. Sie verbrauchten einen Bruchteil der Energie, die ein Röhrenrechner benötigte.

Eine wichtige Etappe auf dem Weg zur modernen Mikroelektronik war die Erfindung der integrierten Schaltkreise (IC) im Jahre 1959. In ihnen sind auf einem Siliziumplättchen, dem Chip, unterschiedliche Bauelemente wie etwa Transistoren, Widerstände und Kondensatoren vereinigt und – entsprechend dem gewünschten Funktionsprinzip – durch Leiterzüge verbunden. Durch eine stetige, rasch fortschreitende Miniaturisierung der Bauelemente und Leiterzüge auf dem Chip hat sich die Leistungsfähigkeit der integrierten Schaltungen etwa alle zwei Jahre verdoppelt. Der gegenwärtig erreichte Stand der Entwicklung erlaubt es, auf einem quadratzentimetergroßen Chip rund eine Million Bauelemente unterzubringen.

Jedes elektronische Gerät, das zeitweilig Informationen speichert – ein typisches Beispiel ist der Computer –, benötigt Speicherchips. Weitverbreitet und billig sind die dynamischen Schreib-Lese-Speicher (DRAM). Sie besitzen in jedem informationsspeichernden Gerät etwa die gleiche Bedeutung, die das Papier für einen am Schreibtisch tätigen Menschen hat.

Die minimale Information ist eine Ja-Nein-Entscheidung. Sie wird als 1 bit bezeichnet. Funktion jeder Speicherzelle auf einem Chip ist das selektive Fest- und Bereithalten einzelner Informationselemente.

Bei einem dynamischen Schreib-Lese-Speicher besteht jede Speicherzelle nur aus einem Kondensator und einem Transistor. Der gespeicherte Inhalt jeder Zelle muß aber sekundlich einige hundertmal aufgefrischt werden. Das erfordert einen höheren Aufwand der Gesamtschaltung des Speicherchips, die eine Vervielfachung identischer Speicherzellen darstellt.

Zur Illustration der Marktsituation möchte ich nur die beiden letzten Etappen der Entwicklung dynamischer Schreib-Lese-Speicher erwähnen. Der DRAM mit einer Speicherkapazität von 64 000 bit erschien im Jahre 1981 auf dem Weltmarkt. Im Jahre 1986 erreichte sein Umsatz mit mehr als einer Milliarde Stück ein Maximum. Der DRAM mit 256 000 bit kam im Jahre 1984 auf den Markt. Sein Umsatz hat noch nicht das Maximum erreicht. Er übersteigt aber bereits in diesem Jahr den Maximalumsatz der 64 Kbit-DRAMs. Im Kampf um diesen Markt hat Japan die USA vom ersten Platz verdrängt. Die japanische Industrie kontrolliert heute 67 % des jährlich 1,65 Milliarden Dollar umfassenden Weltmarktes für dynamische Schreib-Lese-Speicher. Dabei ist zu beachten, daß bei diesen Speicherchips das Leistungs-Preis-Verhältnis jährlich um 30–40 % steigt.

Die dynamischen Schreib-Lese-Speicher sind nur eine Art von Chips, deren Funktion im zeitweiligen Bereithalten von Information besteht. Dagegen übernehmen Logik-Chips unterschiedliche Steuer- und Kontrollaufgaben. Sie arbeiten, um nur ein Beispiel zu nennen, als Mikroprozessoren in Computern.

Warum sind die Speicherchips wachsender Integration Meilensteine des technologischen Fortschritts der Mikroelektronik? Warum findet gegenwärtig der Übergang vom 256 Kilobit-DRAM zum 1 Megabit-Speicherchip statt, obwohl die Verkaufsziffern des ersteren noch steigen? Warum wird auch in den folgenden Jahren – etwa im Dreijahresrhythmus – jeweils eine Vervierfachung der Speicherelemente pro Chip erfolgen? Es sind im wesentlichen zwei Gründe für die wachsende Integration der Bauelemente je Chip:

1. Der Preis des Grundmaterials Silizium. Wie der Preis eines Buches hauptsächlich durch Menge und Qualität des Papiers und nicht durch die Zahl der auf ihm gedruckten Buchstaben bestimmt wird, so ist auch die Größe des verwandten Silizium-Chips bestimmend für seinen Preis, weniger die Zahl der auf ihm integrierten Speicherzellen.

2. Die Technologie zur Erzeugung der Speicherchips. Sie haben wegen ihrer – im Vergleich zu Logik-Chips – relativ einfachen Architektur eine technologische Pilotfunktion. Wer die Technologie zur Produktion von dynamischen Schreib-Lese-Speicherchips des jeweils höchsten Integrationsniveaus beherrscht, der kann auch Logik-Chips des gleichen Niveaus produzieren, um moderne Elektronik – etwa in Verbindung mit Werkzeugmaschinen – auf dem Markt anzubieten.

Um die Forschungs- und Entwicklungsprobleme der Technologie zur Erzeugung von Megabit-Speicherchips sichtbar zu machen, muß ich auf ihre Herstellung eingehen. Ausgangsmaterial zur Herstellung fast aller integrierter Chips ist hochreines, einkristallines Silizium. Zylindrische Stäbe werden in dünne Scheiben, die Wafer, zersägt und ihre Oberflächen geschliffen und poliert. Mit wachsendem Scheibendurchmesser, er liegt gegenwärtig zumeist bei 10 cm, wächst die Zahl der Chips, die aus einem Wafer gefertigt werden kann.

Der Entwurf der Schaltung eines hochintegrierten Schreib-Lese-Speichers ist nur noch mit Computerunterstützung (CAD) möglich. Im Resultat der Berechnungen entstehen auf Datenträgern die Anweisungen für die Herstellung der Masken, Schablonen, nach deren Mustern die Strukturen auf der Siliziumscheibe schrittweise entstehen. Die Masken sind chrombeschichtete Glasplatten, in die rechnergesteuert das Muster – etwa mit einem sehr feinen Elektronenstrahl – eingeritzt wird. Mittels Licht – wir sprechen von optischer Lithographie – wird das Muster der Maske auf der Siliziumscheibe abgebildet. Der Wafer ist mit einem als Resist bezeichneten lichtempfindlichen Lack überzogen. Durch anschließende Entwicklung wird der Lack an den belichteten oder auch an den unbelichteten Stellen der Waferoberfläche entfernt. Die freigelegten Stellen des Musters können dann mit unterschiedlichen Techniken bearbeitet werden. Bearbeitungsverfahren zur Erzeugung der Strukturen – entsprechend der Vorgabe des Lackmusters – sind Ätzen, Dotieren, Oxidieren oder Beschichten. Die vom Lack bedeckten Bereiche der Waferoberfläche bleiben in diesen Prozeßschritten unverändert.

Um einen dynamischen Schreib-Lese-Speicher einer Kapazität von 1 Megabit zu erzeugen, sind rund ein Dutzend unterschiedlicher Masken notwendig. Die feinsten Strukturen, die entstehen, sind gerade noch 1 μm, ein Tausendstel Millimeter, breit. Zur Herstellung des Chips müssen die verschiedenen

Muster – jeweils gefolgt von entsprechenden Verfahren zur Strukturerzeugung – auf den Wafer nacheinander übertragen werden. Dabei ist eine Überdeckungsgenauigkeit der Masken von 0,1 μm notwendig.

Zur Herstellung eines Megabit-Speicherchips müssen größenordnungsmäßig hundert Prozeßschritte vollzogen werden. Hinter jedem Schritt steht eine aufwendige Prüftechnik zu seiner Überwachung. Der fertige Wafer wird mit einer Schutzschicht versehen und in einzelne Chips zersägt, die in Gehäuse eingebaut werden.

Um einige der Probleme im Megabit-Bereich erkennbar zu machen, möchte ich zwei Verfahrensschritte, die Maskenübertragung und ihre Herstellung, etwas detaillierter betrachten.

Zur Übertragung des auf der Maske erzeugten Musters auf die Siliziumscheibe verwendet man Licht. Kommt die Breite einer optisch abzubildenden Struktur in die Nähe der Wellenlänge des verwendeten Lichts, so treten Beugungserscheinungen auf, eine grundsätzliche physikalische Grenze ist erreicht. Ein 4-Megabit-Speicherchip erfordert Strukturelemente mit einer Breite von ~ 0,7 μm. Die Wellenlängen des sichtbaren Lichts reichen von ~ 0,4 μm am violetten Ende des Spektrums bis ~ 0,8 μm im Roten. Bei Verwendung von ultraviolettem Licht gelang die scharfe Abbildung von Strukturen einer Breite von 0,7 μm mittels spezieller kontrastverstärkender Lacke, die in mehreren Schichten aufgetragen wurden.

Gezielte Forschungsarbeiten der zurückliegenden Jahre lassen optische Replikationsverfahren bis herab zu Struktur-Breiten von 0,5 μm möglich erscheinen. Das hat den Vorteil, die im industriellen Maßstab mit hoher Produktivität beherrschte Lithographietechnologie einsetzen zu können.

Um jedoch einen dynamischen Schreib-Lese-Speicher mit einer Kapazität von 64 Megabit herzustellen, muß man den Strukturbereich um 0,3 μm technisch-technologisch erschließen. Dazu müssen aller Voraussicht nach qualitativ neue Methoden entwickelt werden. Unter den verschiedenen in der Erforschung und Entwicklung befindlichen Verfahren möchte ich auf eines – die Röntgenstrahl-Lithographie – etwas näher eingehen. Es wurde durch die Erfindung einer neuartigen Röntgenstrahlungsquelle möglich, die ein methodisches Beiprodukt der erkundenden Grundlagenforschung ist.

Die erkundende Grundlagenforschung an der äußeren Front, sowohl beim experimentellen Eindringen in subatomare Bereiche als auch beim Erforschen neuer Bereiche des Kosmos, dankt ihre entscheidenden Fortschritte dem Einsatz neuer Methoden und Verfahren. Als Meilensteine des Vordringens in den Mikrokosmos erwiesen sich die speziell dafür entwickelten Beschleuniger.

Bei den zirkularen Elektronenbeschleunigern, den Elektronensynchrotronen, tritt tangential zur Kreisbahn der Elektronen eine intensive elektromagnetische Strahlung auf. Eine genauere Untersuchung zeigte, daß ihr Spektrum – abhängig von der Geschwindigkeit der Elektronen und dem

Krümmungsradius ihrer Bahn – bis weit ins Gebiet der Röntgenstrahlen hinein verläuft. Diese intensive und homogene Synchrotronstrahlung wurde für viele experimentelle Untersuchungen und Verfahren in Physik, Chemie, Biologie und Medizin zu einer unentbehrlichen Strahlungsquelle. Sie ist auch eine geeignete Strahlungsquelle der Röntgenstrahl-Lithographie. Speziell durch den Einsatz supraleitender Magnete wurde der Bau kompakter Elektronenbeschleuniger möglich, die eine kostengünstigere Strahlungsquelle im Röntgenbereich sind. Es werden jedoch weltweit seit Jahren gezielte Forschungsarbeiten an verschiedenen Verfahren mit unterschiedlichen Strahlungsarten durchgeführt. Welches sich als das geeignetste und kostengünstigste im Endeffekt durchsetzen wird, ist noch nicht entschieden.

Das zweite Problem, auf das ich etwas näher eingehen will, ist das der Maske. Zur Erzeugung der Primärstruktur kommen schreibende Elektronen- oder Ionen-Feinstrahlen in Frage. Aber auch, wenn die notwendige Technik, die geeigneten Stoffe und das beste Verfahren vorhanden sind, bleibt das Problem der Defekte. Bei einem so hohen Integrationsgrad, wie er im 64-Megabit-Speicherchip vorliegt, können wir Hunderte, vielleicht sogar Tausende winziger Defekte nach dem Ätzen auf jeder Maske erwarten. Entgeht auch nur ein Defekt der Kontrolle und Reparatur, ist die Maske unbrauchbar.

Allein die Defektkontrolle erfordert die Entwicklung einer hochauflösenden (~ 0,1 μm) Laser-Scanning-Mikroskopie in Verbindung mit neuartigen mathematisch-informationstheoretischen Methoden und einer Höchstleistungsrechentechnik, die das Niveau der 32-bit-Technik weit übersteigt.

Zur Reparatur von Defekten sind unterschiedliche Verfahren denkbar. Zum Abtragen überflüssigen Materials lassen sich möglicherweise Ionen-Feinstrahlen verwenden. Zum Aufbringen von Material käme eventuell eine lokale Abscheidung aus der Gasphase unter der Wirkung von Ionen- und Laserstrahlen in Frage.

Ich habe zwei Teilfragen einer künftigen Technologie für ein Strukturniveau um 0,3 μm herausgegriffen; das der Strahlungsquelle für eine Strukturübertragung von der Maske auf den Wafer und das der Defekte auf der Maske. Es sind zwei unter einer sehr großen Zahl von Problemen, an denen seit Jahren weltweit gearbeitet wird, um etwa in der Mitte der neunziger Jahre den 64-Megabit-Schreib-Lese-Speicher auf den Markt zu bringen.

Ich hoffe, daß Ihnen die beiden Probleme eine Vorstellung von der Komplexität und Vielschichtigkeit der anstehenden Fragen vermitteln, die allein mit der Herstellung eines höchstintegrierten Chips verbunden sind.

Ich komme zu einigen Schlußfolgerungen:

1. Die produkt- oder verfahrensorientierte Forschung – wir nennen sie gezielte Grundlagenforschung – zeichnet sich im Bereich einer Hochtechnologie wie der Mikroelektronik durch eine überdurchschnittlich große Komplexität aus. Um VLSI-Baugruppen industriell mit hoher Produktivität zu

fertigen, bedarf es eines einsetzbaren tiefen und breiten mathematisch-physikalischen Basiswissens und zahlreicher technischer Spezialanlagen, die ihrerseits ein weites Spektrum hochwertiger elektronischer und mechanischer Baugruppen sowie – teilweise – qualitativ neue Prinziplösungen erfordern. Hinzu kommen neuartige Verfahrens- und Produktionsentwicklungen unterschiedlicher Art auf chemischem und werkstoffwissenschaftlichem Gebiet.

2. Die wissenschaftlich-technisch-technologische Beherrschung eines höheren Strukturniveaus bei akzeptabler Ausbeute ist nicht möglich, wenn nur einzelne Glieder der Kette aufgegriffen und mit den erforderlichen personellen und materiellen Fonds bearbeitet werden. Nur die termingerechte sichere Beherrschung aller Elemente der Kette sichert den Erfolg.

3. Neben der „räumlichen Breite" muß auch eine „zeitliche Tiefe" der gezielten Grundlagenforschung garantiert sein, um die folgenden Prozeßschritte rechtzeitig in Angriff nehmen zu können. Auf dem Gebiet der Mikroelektronik wird international gegenwärtig mit einem Zeithorizont von 15 bis 20 Jahren gearbeitet.

4. Seit dem vergangenen Jahr beschreiten wir erfolgreich einen neuen Weg der vertraglich gesicherten Zusammenarbeit zwischen Einrichtungen der Industrie, des Hochschulwesens und der Akademie. Die hohe Komplexität und Vielschichtigkeit solcher Aufgaben wie beispielsweise die wissenschaftlich-technisch-technologische Beherrschung neuer höherer Strukturniveaus sollte uns veranlassen, darüber nachzudenken, ob und wie für ausgewählte Aufgaben der Zusammenschluß der verschiedenen Potentiale noch enger – etwa unter einheitlicher fachlich-inhaltlicher Leitung – gestaltet werden kann.

5. Die Grundlagenforschung auf dem gesamten Gebiet der Mikroelektronik kann in der DDR selbst unter idealen Randbedingungen weder in der notwendigen Breite, noch in der erforderlichen zeitlichen Tiefe durchgeführt werden. Die internationale Zusammenarbeit auf diesem Gebiet ist in der sozialistischen Staatengemeinschaft zur zwingenden Notwendigkeit geworden.

6. Aus der Praxis der Entwicklung und des Einsatzes der Mikroelektronik in einigen führenden kapitalistischen Industriestaaten können wir entnehmen, was in der DDR möglich wäre; aber nicht alles, was dort in Wechselwirkung zwischen kapitalistischer Konkurrenz, Rüstungs- und Monopolinteressen realisiert ist bzw. zur Realisierung vorbereitet wird, muß in unserer sozialistischen Gesellschaft realisiert werden. Es gibt kein anderes Gebiet, auf dem wir gleichermaßen gefordert sind, die Vorzüge des Sozialismus mit den Errungenschaften der wissenschaftlich-technischen Revolution zu verbinden mit dem Ziel, das materielle und kulturelle Lebensniveau unseres Volkes zu steigern.

Durch detaillierte Untersuchungen muß geprüft werden, für welche Bereiche der Anwendung der Mikroelektronik ein bedeutender ökonomischer Effekt unter unseren Bedingungen erreicht werden kann. Wird die Palette der Anwendungen zu breit gewählt, so wird sich der Rückstand zum internationalen Niveau auch bei den mikroelektronischen Basistechnologien und den Bauelementen nicht verringern, sondern vergrößern.

Ich begann meine Ausführungen mit der Entwicklung der Kernphysik. Auf einem Gebiet der erkundenden Grundlagenforschung wurde mit der Kernspaltung der Ausgang einer Schlüsseltechnologie entdeckt. Beim Versuch, die Leitungsvorgänge in Halbleitern quantenmechanisch zu beschreiben und mit den experimentellen Beobachtungen in Einklang zu bringen, wurde der Transistoreffekt gefunden. Auch hier ging eine Basisinnovation von der erkundenden Grundlagenforschung aus. Ein aktueller Anlaß läßt mich nochmals auf die Rolle der erkundenden Grundlagenforschung im Innovationsprozeß zurückkommen.

Im Jahre 1911 entdeckte der Physiker Heike Kamerlingh Onnes, daß der elektrische Widerstand von Quecksilber bei einer Temperatur von 4,2 Kelvin – also nahe dem absoluten Nullpunkt – fast unstetig auf einen unmeßbar kleinen Wert fällt. Diese Eigenschaft einiger Metalle und Metallverbindungen, elektrischen Strom bei tiefen Temperaturen verlustfrei zu transportieren, bezeichnen wir als Supraleitung.

Über Jahrzehnte galt das Interesse experimenteller und theoretischer Festkörperphysiker der Supraleitung. Anfang der siebziger Jahre hatte sich jedoch in den Labors die Meinung befestigt, daß oberhalb von 23 Kelvin keine Supraleitung mehr möglich ist.

Im September des vergangenen Jahres veröffentlichten Alex Müller und Georg Bednarz, beide Mitarbeiter des IBM-Forschungslaboratoriums in Zürich, eine Mitteilung über die Supraleitung eines Metalloxids – einer keramischen Substanz –, deren elektrischer Widerstand bereits bei 35 Kelvin verschwindet. Innerhalb weniger Monate wurden in vielen Laboratorien der Welt – auch bei uns – weitere keramische Substanzen auf ihre Supraleitfähigkeit untersucht. Die Rekorde fielen in einem atemberaubenden Tempo. Inzwischen wurde über Keramiken berichtet, bei denen die Supraleitung bereits bei 90–100 Kelvin einsetzt.

Höhepunkte der bisherigen Entwicklung waren die kürzlich veranstalteten Symposien in New York und Moskau, auf denen Tausende von Physikern die erreichten Fortschritte diskutierten.

Wir befinden uns möglicherweise an der Schwelle einer neuen Epoche der Elektrotechnik. Die technische Umsetzung der lauwarmen Supraleitung erfordert jedoch die Lösung noch zahlreicher Probleme, darunter vieler Fragen, die in den Bereich der Grundlagenforschung fallen.

Eine der ersten großtechnischen Erprobungen wird – wie schon in anderen Fällen – vielleicht in der erkundenden Grundlagenforschung stattfinden. Gegenwärtig wird im Europäischen Kernforschungszentrum CERN in einem

Ringtunnel von 27 km Länge ein Elektron-Positron-Speicherring gebaut. Zur Beschleunigung der Teilchen dienen Hohlraumresonatoren sehr großer Leistung. Die jetzigen Kupferresonatoren sollen zur Leistungssteigerung bei gleichzeitig starker Reduzierung der RF-Verluste durch supraleitende Resonatoren ersetzt werden. Es haben Versuche begonnen, das Kupfer mit supraleitenden Metalloxiden zu beschichten.

Wie kam es zu dieser Entdeckung? Wie im Bell Laboratorium des American Telephone & Telegraph Konzerns (AT & T) wird auch in den Forschungslaboratorien von IBM in beträchtlichem Umfang erkundende Grundlagenforschung und gezielte Grundlagenforschung mit einem weiten Horizont betrieben. Müller sagt dazu: „Die Grundregel der ‚Research Division' bei IBM lautet, zwei Drittel des Budgets für sogenannte Advanced Projects, das sind Projekte, bei denen nicht sicher ist, ob für die praktische Nutzanwendung dabei etwas herauskommt. Und ein Drittel ist ‚Science', also reine Grundlagenforschung, da können Sie Biologie machen oder Hochtemperatur-Supraleitung."[3]

Alex Müller leitete im Züricher IBM-Labor 15 Jahre die Physik-Abteilung. Nach seinem 60. Geburtstag wurde er IBM-Fellow. Der Konzern hat gegenwärtig 60 Wissenschaftler mit dem Status eines Fellows. Müller gab danach die Leitung der Physik-Abteilung ab und gewann als Fellow die Möglichkeit, Ideen eigener Wahl zu folgen. Das Resultat spricht für sich.

Zum Schluß möchte ich einige mir wichtig erscheinende Anmerkungen machen. Prämissen der nächsten Etappe einer erfolgreichen Arbeit im Bereich der Grundlagenforschung der DDR sind:

- Ausgehend von der Dialektik zwischen Erkennen und Anwenden Erzielung eines ausgewogenen Verhältnisses zwischen erkundender und gezielter Grundlagenforschung.
- Klare Aufgabenstellungen, die weit genug in die Zukunft reichen, sowohl für die erkundende als auch für die gezielte Grundlagenforschung.
- Hohe Qualität und Leistungsbereitschaft der Wissenschaftler, die durch adäquate Aufgaben stimuliert werden.
- Schrittweise Optimierung der Verbindungen zwischen den Einrichtungen von Produktion und Wissenschaft.

Zur Lösung der Aufgaben sind Randbedingungen zu erfüllen, von denen ich einige nennen will:

- Eine dem Forschungsgegenstand angepaßte Standardmeßtechnik und die Bereitstellung der für methodische Aufgaben notwendigen Baugruppen.
- Eine dem Forschungsgegenstand angepaßte technische Basis, die personell und materiell höchsten Ansprüchen gerecht wird.
- Eine dem Forschungsgegenstand adäquate Versorgung mit Automatisierungs- und rechentechnischen Mitteln.
- Eine aktive nationale und internationale Zusammenarbeit zur arbeitsteiligen Lösung der anstehenden Aufgaben.

Die entscheidende Bedingung für die Bearbeitung einer wissenschaftlich-technisch-technologischen Komplexaufgabe im Bereich einer Hochtechnologie kann nur ihre gesellschaftliche Realisierungsmöglichkeit einschließlich der Organisation des Gesamtvorhabens und seiner Finanzierung sein. Die Bewertung dieser entscheidenden Seite einer Komplexaufgabe liegt in den Händen von Partei- und Staatsführung.

Anmerkungen

1 G. W. Leibniz, Schöpferische Vernunft. Schriften aus den Jahren 1668–1686 (Hrsg. W. v. Engelhardt), Münster/Köln 1955, S. 305.
2 J. Bardeen, Nobel Lecture, December 11, 1956 (Übersetzung K. Lanius).
3 Spiegel – Hamburg, Nr. 22/1987.

ISBN 3-05-500 516-3
ISSN 0138-3965

FSC
www.fsc.org
MIX
Papier | Fördert gute Waldnutzung
FSC® C083411

Kolibri 360 GmbH
Ferdinand-Jühlke-Straße 7
99095 Erfurt, Deutschland
produktsicherheit@kolibri360.de